Oybek Kasimov

O legado dos jardins do Oriente e do Ocidente

Oybek Kasimov

O legado dos jardins do Oriente e do Ocidente

ScienciaScripts

Imprint

Cover image: www.ingimage.com

This book is a translation from the original published under ISBN 978-620-2-06794-2.

Publisher:
Sciencia Scripts
is a trademark of
Dodo Books Indian Ocean Ltd. and OmniScriptum S.R.L publishing group

120 High Road, East Finchley, London, N2 9ED, United Kingdom
Str. Armeneasca 28/1, office 1, Chisinau MD-2012, Republic of Moldova, Europe
Printed at: see last page
ISBN: 978-620-7-94540-5

Conteúdo

Introdução

A importância de uma abordagem sistemática para o desenvolvimento do design paisagístico é incrível. Como o desenvolvimento da arte da jardinagem é benéfico para as próprias pessoas. Trata-se de um tipo de arte, formada e aperfeiçoada desde os tempos mais remotos, que incentiva a solução de problemas ambientais, mas que não pode ser negligenciada nem por um momento. Cada país tem a sua própria experiência, métodos de arte arquitetónica e pontos de vista estéticos.

Embora o desenvolvimento dos parques nos diferentes países e épocas tenha sido variável, a sua formação esteve sempre consideravelmente ligada a determinadas condições climáticas naturais, a atitudes socioeconómicas, culturais, religiosas e humano-ambientais.

Paisagismo - é a utilização de actividades artísticas, decoração ornamental de ambientes artificiais, geoplásticos, pequenas formas arquitectónicas, revestimentos decorativos, instrumentos de comunicação visual.

O seu objetivo é ligar a arquitetura aos elementos da natureza.

Os objectos de desenho paisagístico são espaços abertos e cobertos, nomeadamente: ruas e praças; pequenos espaços de lazer (becos, praças, jardins, corredores e ruas), parques para diversos fins; espaços recreativos e económicos em áreas residenciais (locais de lazer para crianças e adultos, campos desportivos, etc.); o interior das várias divisões funcionais.

Nesta monografia, recomenda-se o estudo dos jardins do mundo em três tipos:

1) A arte oriental da jardinagem.

2) A arte ocidental da jardinagem.

3) Arte da jardinagem na Ásia Central.

De acordo com a filosofia da jardinagem oriental, "a natureza é superior ao ser humano" e baseia-se em formas naturais, com ênfase em elementos como a água, a terra e a pedra. Na jardinagem ocidental, promove-se a visão filosófica de que "os seres humanos são superiores à natureza" e descreve-se a aparência de um jardim baseado em formas geométricas. E na filosofia da Ásia Central, os jardins são descritos como "Jardins do Paraíso", a solução composicional é simétrica e reflecte a imagem de um céu fantástico.

Jardim Legado do Oriente e do Ocidente

Fundamentos da perspetiva filosófica do paisagismo nos países de Leste

Hoje em dia, a preocupação com o ambiente, o planeamento urbano e o paisagismo em áreas construídas é uma das questões actuais. O paisagismo e a jardinagem são considerados factores importantes para dar às cidades um aspeto e uma forma mais bonitos. Naturalmente, os jardins e as ruelas recém-criados ocupam um lugar importante. No entanto, durante a construção das cidades modernas, o paisagismo e a jardinagem são de certa forma negligenciados, e é de admirar que haja muito pouco espaço para o design ambiental.

O que significa "o verde" na cidade? A plantação de vegetação não é apenas uma plantação de árvores ou de flores. A construção de edifícios de vários andares nas cidades exige, naturalmente, a presença de condições necessárias para a população. Estas incluem numerosas e importantes pequenas formas arquitectónicas, como parques infantis, bancos, relvados, candeeiros, canais de irrigação. O desenvolvimento de qualquer sociedade democrática é acompanhado pelo desejo da população. As pessoas tomam decisões com base nas suas experiências a longo prazo. Neste caso, aplicam as condições naturais e climáticas, factores internos e externos. A importância da conceção do ambiente e dos jardins é incrível, pois as pessoas respiram ar puro e dão um contributo importante para a civilização.

Em geral, é mais correto estudar os jardins do mundo em três tipos:

1) Arte oriental de jardinagem.
2) A arte ocidental da jardinagem.
3) Arte da jardinagem na Ásia Central.

De acordo com a filosofia da jardinagem oriental, "a natureza é superior ao ser humano" e baseia-se em formas naturais, com ênfase em elementos como a água, a terra e a pedra. Na jardinagem ocidental, promove-se a visão filosófica de que "os seres humanos são superiores à natureza" e descreve-se a aparência de um jardim baseado em formas geométricas. E na filosofia da Ásia Central, os jardins são descritos como

"Jardins do Paraíso", a solução composicional é simétrica e reflecte a imagem de um céu fantástico.

Ao considerar a história dos jardins permanentes:

Jardins do Antigo Egito

Os jardins **do Antigo Egito** foram criados no IV milénio a.C. O rio Nilo, o mais alto do mundo, corre do sul para o norte através do território do Egito e junta-se ao Mar Mediterrâneo. As condições climatéricas naturais em torno do rio Nilo atraem as pessoas, pois diz-se que "a vida está onde está a água".[1] Nestas zonas crescem as palmeiras e nas margens do Nilo crescem os ciprestes, os papiros e os lótus. A história e o desenvolvimento dos antigos jardins egípcios não podem ser imaginados sem o rio Nilo.

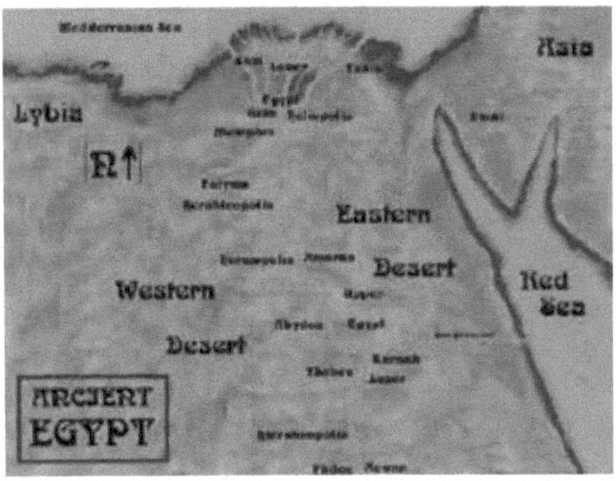

Egípcio antigo

Os jardins do Antigo Egito incluíam principalmente vegetais, árvores e flores. Na época do Canato Médio, os jardins foram alargados e começaram a servir os faraós como locais de descanso e lazer. Naturalmente, estes jardins foram criados em redor dos palácios dos faraós. As imagens dos antigos jardins egípcios podem ser vistas em papiros e lápides (sarcófagos).

1 A arte dos jardins no Oriente K.D. Rahimov, A.S.Uralov.

Imagens de muros e lápides antigas

Os jardins egípcios eram na sua maioria rectangulares, formando composições simétricas, tradicionalmente com uma piscina situada no centro do jardim.[2] Para fins religiosos, nos jardins eram cultivadas flores, ervas e especiarias diversas. São elas: Tomilho (latim Carom), Anis (latim Pimpinella Anisum), Coentro (latim Coriandrum Sativum).

Paralelamente, foram também criados os jardins dos cemitérios. Na antiga filosofia egípcia, a alma dos mortos saía da sepultura à noite e percorria os túmulos. Por isso, eram normalmente enterrados em sepulturas com os utensílios que utilizavam em vida. A julgar pelas imagens dos jardins dos cemitérios, sabemos que no antigo Egito tinham sido plantadas muitas palmeiras (lótus-fénix).

O plátano (Latin Ficus Sikomius) é semelhante a uma amoreira. A oliveira, a figueira, os arbustos e a tamargueira (Latin Tamarix) são as plantas mais comuns para o deserto. Atualmente serve também como árvore decorativa. Na China, esta árvore é utilizada para fins de construção. Além disso, existem frutos como a acácia do Nilo em forma de par (acácia nilótica), marmelos, maçãs, uvas e pêssegos.

2 As Terras Santas Litografias e diários de David Roberts, R.A.

As flores eram muito populares nas cerimónias de casamento e de morte. Como o clima era permanentemente quente, os trabalhos de irrigação dos jardins eram muito complicados. No entanto, os egípcios tinham desenvolvido em si próprios a harmonia e a estética da adaptação à natureza. As macieiras, as romãzeiras e os pessegueiros foram trazidos da Ásia para o Egito, e algumas das árvores e flores vieram da fértil Mesopotâmia.

À medida que os antigos egípcios criavam os seus jardins, a irrigação também começou a desenvolver-se. Através da irrigação, aprenderam a sobreviver às cheias dos rios. Os materiais de construção mais caros para os egípcios nessa altura eram a pedra, a cal e a areia.

Os jardins foram criados sobretudo no exterior das pirâmides e dos palácios, em casas de famílias ricas. Juntamente com o desenvolvimento da arquitetura urbana egípcia, começou a formar-se a cultura de plantas e a arte da jardinagem. Nessa altura, a largura das ruas era de cerca de 40 metros, e eram decoradas com colunas, esculturas e flores à medida que se aproximavam dos palácios. O estabelecimento de linhas rítmicas tão belas era uma orientação, caraterística dos egípcios. Os jardins eram quadrados e rodeados por muros.

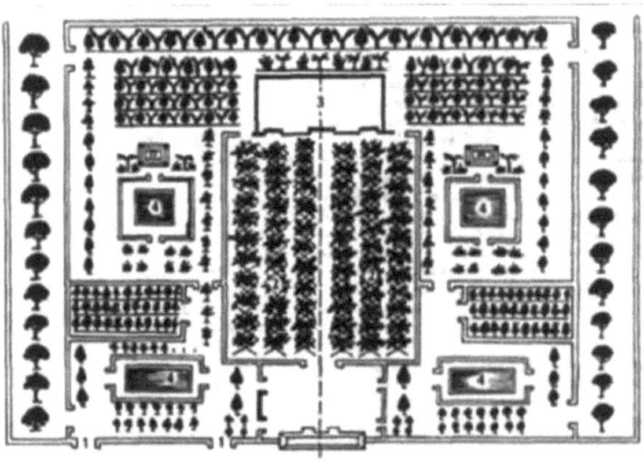

O plano do jardim egípcio antigo

Esquema de programação: 1-Entrada;

Barreira de 2 vinhas;

3- edifício de habitação;

4 piscinas.

Os jardins egípcios baseavam-se nas suas leis concretas, que incluíam formas rectangulares e geométricas, lagos, composições simétricas, composições rítmicas, árvores e flores. A informação sobre esses jardins antigos só pode ser encontrada em fotografias ou nas raríssimas escavações arqueológicas. Infelizmente, existem muito poucas provas.

Os jardins serviam de sombra, de locais frescos, de flores e de sementes. Aí se cultivavam papiros, lótus e outras plantas e árvores, sagradas para a população local. Para além das ervas locais, o figo, a romã, a rosa e o jasmim eram muito populares. Outro aspeto destes jardins era o facto de incluírem funções religiosas, utilitárias e estéticas.

O antigo rio egípcio Nilo costumava sofrer inundações como os outros rios. Para evitar essas inundações, os jardins em socalcos foram criados sem acesso à água. A irrigação e a alimentação do solo eram efectuadas artificialmente. Tendo em conta os achados de escavações e sedimentos nas lápides, podemos ver que a distribuição de várias plantas e flores nos campos foi claramente planeada. A julgar pela localização das fontes de irrigação, podemos dizer que os egípcios utilizavam frequentemente formas quadradas ou rectangulares nos seus jardins. As plantas baixas eram colocadas à volta da piscina e as árvores altas situavam-se perto das barricadas. A falta de sombra era um problema importante para a população local. Os escritos antigos diziam o seguinte: "Ele é pobre, porque não tem sombra".

Jardim antigo com piscina

Desde a antiguidade, a árvore era sagrada para os egípcios e cada local de culto tinha a sua própria árvore sagrada. Foram construídas vinhas ao lado de cada jardim. Algumas pérgulas em forma de cúpula foram erguidas para as uvas. Segundo as fontes, os grandes templos tinham normalmente uma propriedade muito grande. Os mais famosos são os jardins sob o templo de Mentuhotep (2160-200 a.C.) e o jardim da princesa Hatshepsut (1520-1500 a.C.). [3] Outro era o jardim da rainha Cleópatra para festas de luxo (1 a.C.). Os jardins de Cleópatra serviram de exemplo para toda a Roma.

Em Fivas, foram reveladas as imagens dos antigos jardins egípcios, encontradas na lápide de um dos comandantes do Faraó Amenófis III. Ele descreve toda a planta do jardim a partir da altura do voo de um pássaro. Na parte principal do jardim encontrava-se uma casa e as árvores que a rodeavam estavam dispostas simetricamente. Eram sobretudo palmeiras, romãzeiras, limoeiros e outras árvores. Este tipo de ruelas podia formar sombras. Os egípcios acreditavam que a palmeira traria ao seu proprietário a alegria, a figueira - o conhecimento oculto, e o ébano - a riqueza e a felicidade. Estas árvores eram sagradas para os egípcios. O jardim era geralmente dividido em quatro partes. Os espaços abertos do jardim eram rodeados por plantas baixas e havia um lago no meio da praça. Ao analisar o estilo belo e simétrico, é importante ver as trocas

3 A arte dos jardins no Oriente K.D. Rahimov, A.S.Uralov.

cuidadosamente pensadas de diferentes árvores, as formas graciosas dos lagos e considerar o desenvolvimento em grande escala da arte do jardim planeado racionalmente nesse período. Nessa altura, as pessoas já sabiam como utilizar as árvores e as flores ao longo de todo o ano, e assim desfrutar esteticamente. Mais tarde, a simetria utilizada na arte dos parques-jardins foi executada com sucesso nos jardins egípcios. No entanto, tendo em conta as condições naturais e climatéricas dos jardins, a construção de lagos e canais era um dos principais requisitos. Uma solução de paisagem urbana pode ser utilizada como exemplo do século XV. As palmeiras, que se estendiam por vários quilómetros, foram plantadas em ambos os lados das principais ruas de Akhetaten. Estas antigas soluções de composição antiga foram mais tarde repetidamente utilizadas e desenvolvidas.

Monumento de Akhetaten

No Egito, existiam dois tipos de jardins - os jardins dos templos e os jardins em frente às residências.

O lírio, o papiro, a ária e as ninfas eram considerados flores sagradas.

O lírio é o símbolo do Egito. Todas as formas de arte egípcia são representadas pela imagem do lírio. A sua imagem tenta refletir as linhas indispensáveis da vida, todos os períodos do seu desenvolvimento: (**ponto** - nascimento, **flor** - desabrochar, **ramo** - ligação, **gotas** - vida). O lírio, símbolo da vida e da luz, era dedicado à noiva do grande rio Nilo, Osíris, o Deus da Renovação.

Segundo a mitologia egípcia, a base da criação do mundo foi a água, o Caos. Do Caos surgiu o Lírio. Quando o botão se abriu, a Criança do Deus apareceu no canteiro de flores, representando o Deus do Sol Ra. A criança trouxe a terra da escuridão para a luz. Oito Deuses estiveram envolvidos nesse processo.

Os nenúfares existem nas cores púrpura, preto, branco e azul. Sendo todos os tipos diferentes de nenúfares, são importantes em rituais religiosos e têm várias simbologias.

O **lírio azul** "Serlet" representa um coração puro, o ar puro e o céu azul. Tem a forma de uma estrela. A sua imagem foi sempre o cenário de uma cerimónia de sacrifício, dedicada ao defunto. As folhas do lírio azul são constituídas por um ornamento largo e uma coroa de diamantes. Nas antigas moedas egípcias, a imagem estilizada do lírio azul era representada como emblema do Estado, da beleza e da prosperidade, do nascimento de uma nova vida e do seu posterior renascimento.

O lírio roxo "Neheb" mostra a existência da vida na luz vermelha do pôr do sol. É o chamado lírio do Nilo. Não foi utilizado até cerca de 1000 a.C.

O lírio branco "Seshen" simboliza a pureza e a celebração solene. Era dedicado à mulher de Osíris, a deusa da produtividade, a misteriosa Ísis. A sua imagem era utilizada na vida quotidiana. O lírio era também utilizado como alimento. Fazia lembrar as batatas actuais. Coziam-se as raízes, moíam-se as sementes e fazia-se pão.

O papiro é uma planta perene da família dos juncos. O delta do Nilo está refletido no relevo do emblema.

Caraterísticas importantes:

- retilinearidade e constância das curvas de nível, sistema de irrigação aproximado;
- simetria de contorno;
- inclusão de delicadeza, ternura e interesses pessoais;
- existência absoluta de superfícies de água (charcos, bacias, canais);

Leis da estrutura fundiária:

- Restrições à combinação de funções religiosas, benéficas e estéticas;

- um contorno contínuo das piscinas, plantas e relvados ligados ao sistema de contorno.

Assíria-Babilónia

A Assíria-Babilónia situava-se na Mesopotâmia, entre dois rios, que se juntam no Golfo Pérsico. A ocupação do território entre os rios começava pelo sul e chegava às terras férteis do norte. Havia até florestas nessa região.[4]

Após a queda do Império Acadiano, os amoritas foram os próximos a dominar a Mesopotâmia. Os amoritas eram uma tribo semita que se mudou para a Mesopotâmia central. O rei Hammurabi da Babilónia foi o mais famoso dos governantes amoritas. Hammurabi fundou um império conhecido como Império Babilónico, que recebeu o nome da sua capital. Ele governou entre 1792 e 1750 a.C.

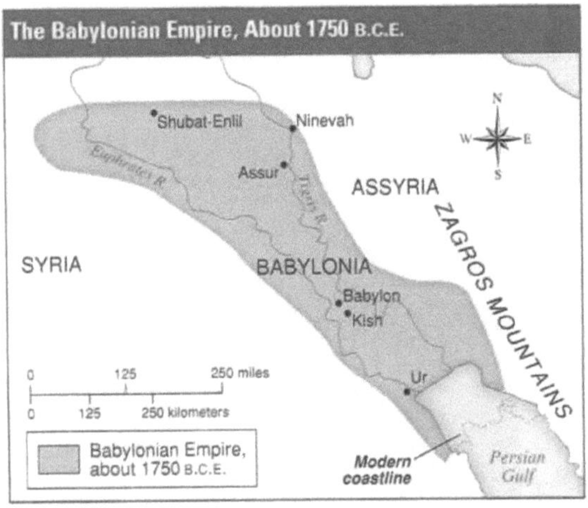

Depois de Péricles ter tomado posse do trono grego, teve início a "era de ouro" da Grécia. No seu reinado, a cultura e a arte tinham atingido níveis elevados. As cidades voltaram a elevar-se ao nível da verdadeira arte. Foram erguidos complexos administrativos, templos e foi estabelecido o exemplo da alta criação, a ordem de Corinto. A arte e o artesanato atingiram o seu ponto mais alto. A Acrópole foi construída no topo da colina e Péricles ergueu o Partenon em honra do Deus de Atenas. Este lugar tornou-se o local sagrado da Grécia e continua a ser o orgulho da nação. Na época do helenismo, os gregos estavam mais em harmonia com a cultura oriental. No

4 Estilo tradicional de "Charbag" e arte moderna de jardins na Ásia Central A.S. Uralov, S.N. Sadikova

século IV a.C., as hordas macedónias ocuparam a Pérsia, o Egito e os países em redor do Mar Mediterrâneo. O período helenístico caracterizou-se pela construção de numerosos edifícios públicos. Nas cidades, realizaram-se trabalhos municipais de paisagismo e jardinagem.

Os gregos começaram a criar uma arte de jardinagem única e autodenominada. Os jardins sagrados eram designados por "Roshi-gerooni". As flores desses jardins eram colocadas nos túmulos dos heróis nacionais. Para além da arquitetura, a escultura e o desporto também começaram a desenvolver-se e, mais tarde, os jardins foram palco de competições desportivas. Com o passar do tempo, as condições dos jardins melhoraram significativamente, foram construídas estradas e, à volta das estradas e dos becos, apareceram plátanos e choupos. Além disso, foram criados jardins filosóficos. Os antigos académicos reuniam-se aí para encontros e conversas científicas.

Além disso, foram criados jardins privados, que eram objeto de atenção por parte de residentes prestigiados e ricos. Costumavam ser verdes e cheios de flores coloridas. O objetivo principal era uma tarefa específica: manter-se útil, da melhor qualidade e bonito. E estas caraterísticas eram consideradas os pontos-chave na criação dos jardins gregos. No desenvolvimento da arte da jardinagem, não bastava apenas plantar as verduras, o significado teórico da sua composição e a solução espacial dos complexos arquitectónicos desempenhavam um papel importante. Durante a era grega antiga, foram estabelecidas leis como a moderação (proporção), o módulo da dimensão áurea (proporção áurea) e a simetria rítmica. Podemos vê-las não só no estilo arquitetónico do edifício, mas também no seu contorno e no desenho da paisagem.

A interconexão dos dois rios remonta a três períodos: Sumero-akkad, Assírio e Nova Babilónia.

Durante a época sumério-acadiana (2340 a.C.), Gudea, o rei de Schumer, construiu piscinas para a plantação de vinhas e a criação de peixes. Na época assíria e na nova Babilónia, os jardins caracterizavam-se pelo seu grande volume e luxo.

Ilustração da lenda de Sargão (1913)

As imagens dos primeiros jardins coincidem com o reinado do rei Sargão II (1100 a.C.). Estabeleceu a cidade de Dur-Sharrukin sobre a cidade de Nínive, capital da Assíria, rodeada por uma alta muralha, onde se cultivava a flora de hetts e diversas ervas de montanha. O cabeçalho principal do palácio de Saragon II em Dur-Sharrukin atrai a atenção pela sua rica decoração e diversidade, juntamente com a estrutura única dos pátios monumentais de uma só posição.

Os jardins do pátio do palácio foram resolvidos à semelhança dos jardins egípcios. Os parques de interconexão dos dois rios (Mesopotâmia) foram decorados com numerosos edifícios (pavilhões) e panelas especialmente equipados.[5] A partir daí, iniciou-se a criação de uma colina artificial de escultura nos parques. Talvez a partir dessa altura tenha surgido a ideia de criar os "Jardins Suspensos de Semiramis". A decoração do palácio na costa do Eufrates foi objeto de uma atenção particular por parte do rei Nabopalassar (625-601 a.C.) e do seu filho Navuhodonosor II (605-582 d.C.). A expansão dos "jardins suspensos" durante o período de gestão posterior foi efectuada para a sua esposa da família mediana, a princesa Nicotrisa. Podemos dizer que o verdadeiro amor das pessoas pelas mulheres é o resultado de visões estéticas de uma longa história.

5 Estilo tradicional de "Charbag" e arte moderna de jardins na Ásia Central A.S. Uralov, S.N. Sadikova

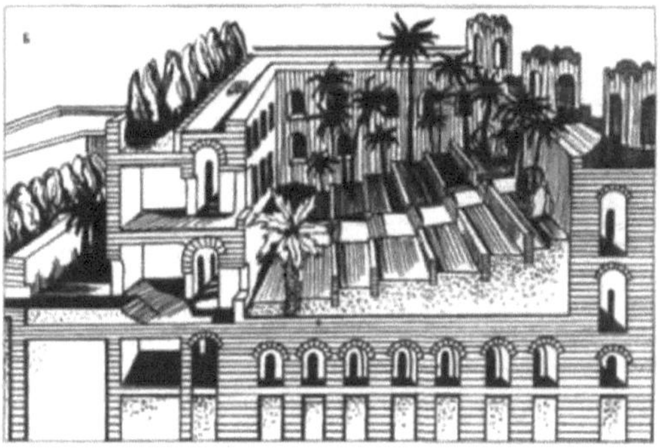

Jardins suspensos de Semíramis

A- Aspeto geral

Б- Corte axonométrico

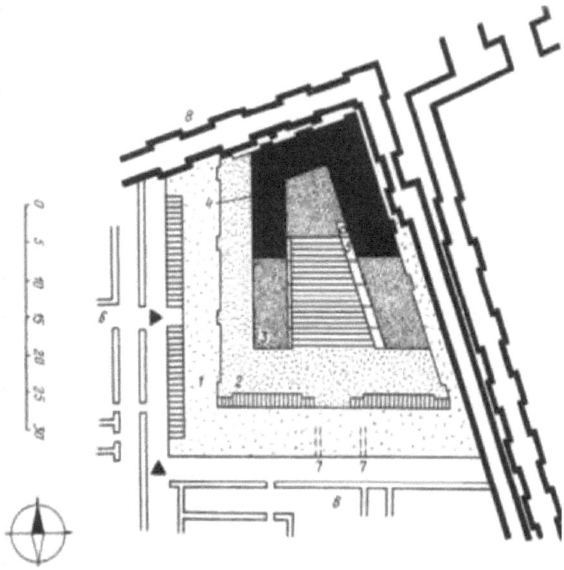

O plano do Jardim Suspenso da Babilónia

Jardim suspenso Babylon

Jardins suspensos de Semíramis

O pátio era constituído por um terraço de quatro pisos com um comprimento lateral maior de 42 metros. A largura do terraço é de 35 metros. Entrada - pelo sul. A altura da descida da água era de 5 metros. Iluminação natural gratuita.

As escadas foram construídas com mármore branco e cor-de-rosa. A gruta no interior da galeria era constituída por colunas decoradas com contos de flores e pinturas murais (frescos). Os fortes pilares e a cúpula foram erguidos a partir da placa de pedra. As placas eram preenchidas com camadas de chumbo, crivadas com canas, absorvidas com cola e completadas com duas filas de tijolos, fixados com cal. Os tijolos eram cobertos com uma camada espessa de argila. A irrigação era efectuada com base num sistema de hélices de elevação de água, fontes, cascatas escalonadas e valas de irrigação. As colunas de sustentação eram com cavidades ocas. Nos espaços livres cresciam palmeiras, ciprestes, cedros, buxo e carvalhos. Nos restantes espaços vazios, nos campos eram cultivadas diversas flores.

Caraterísticas importantes:

- a falta de simetria sólida na ordem geral e no planeamento do dispositivo;
- a utilização de métodos paisagísticos especiais, nomeadamente para a criação dos parques de caça;
- criando colinas artificiais, terraços e jardins suspensos;

- decoração de parques com toldos e edifícios especialmente equipados (pavilhão);
- criar a coleção de flora e fauna como exemplo de jardim botânico.

Pérsia Antiga

Em 550 a.C., os persas, sob a liderança do rei Ciro II, conquistaram todo o território entre dois rios, incluindo a Medina, a Lídia, o Irão, a Anatólia, o Cáucaso, a Fenícia e a Palestina, com capital em Pasgarda. Os Estados tinham sido divididos em 20 províncias (sátrapas). O rei Dario, filho de Ciro II, subiu ao trono do grande Estado. Ciro construiu pavilhões, presumivelmente entre árvores, e fechou o jardim com um muro de barro. A religião dos antigos persas era o culto do fogo. O culto era efectuado em frente ao local do sacrifício, o fogo. Por conseguinte, não foram construídos templos. O desenvolvimento da arquitetura dos palácios e da jardinagem foi notório. Os persas criaram jardins gigantescos, cheios de árvores e flores raras, com animais como tigres, leões e javalis no seu interior. Estes jardins de caça eram chamados "paraísos" - o paraíso ("para" - 'à volta', e "dis" - 'muro' - 'um jardim rodeado por um muro'). A localização planeada dos jardins era estritamente regular. Os jardins não estavam ligados à ideia de composição única; estavam divididos em regiões rectangulares e em quartos de diferentes tamanhos. Além disso, eram decorados com fontes, canais e pavilhões. Como mais de metade do Irão era deserto, havia uma tradição antiga de fazer jardins que proporcionassem alívio dos extremos do clima - o calor do verão e o frio do inverno. Os antigos persas, de origem nómada, faziam jardins de acampamento com um carácter muito diferente dos do império romano. O melhor e mais antigo exemplo encontra-se em Pasárgadae.

Pasárgada - restos de um pavilhão ajardinado. É provável que o jardim original

tenha sido feito num bosque de árvores

Pasárgadae - o mais antigo exemplo sobrevivente de um jardim de canal de água do tipo Charbagh

Os mais populares foram:

Relevos e grutas artificiais de Taki-Bustan (IV-V c.) - residência de caça dos reis sassânidas no campo;

Conjunto do palácio de Kasri-Shir (590-628);

Conjunto Khom-Kuri;

De acordo com as fontes literárias, os jardins eram rodeados por muros, que funcionavam ao mesmo tempo como tubos suspensos, e equipados com canais e grandes ruelas.

Durante o reinado do Rei Grande Abbas (1571-1629), a capital da Pérsia era Isfahan. Abbas era um grande construtor e mudou a capital do seu reino de Qazvin para Isfahan, fazendo da cidade o pináculo da arquitetura safávida. A cidade foi construída com pequenos terraços, eixos de canais, fontes artificiais, que se estendiam desde as varandas. A água escorria de um terraço para outro como uma cascata. As ruas eram adornadas com oito filas de choupos, plátanos e muros de córneas vivas. A tradição e o estilo de conceção de jardins representados pelos jardins persas ou jardins do Irão influenciaram a conceção de jardins desde a Andaluzia até à Índia e mais além. Os jardins de Alhambra mostram a influência da filosofia e do estilo dos jardins persas à escala de um palácio mouro, da época da Andaluzia em Espanha.

O jardim Eram em Shiraz

De um lado do beco encontrava-se a residência do rei, e do outro lado um pavilhão de três andares com uma bela vista. Estes edifícios serviam de entradas para os jardins ligados e situados ao longo das ruas. Cada um desses jardins tinha pavilhões, canais estreitos, passavam pelo eixo do jardim. O mais famoso deles é o palácio de Jexim-Sutun. O jardim é composto por 12 terraços. Cada um deles contém uma piscina artificial com fonte e cascata. No cimo, encontra-se um grande pavilhão. Do outro lado da rua, há um pavilhão chamado "O 8º Portão do Paraíso".

Pérsia (Irão) - a pátria das rosas, das sereias, das tulipas, dos arbustos perfumados, dos lírios e das flores de gerânio. "Guliston" ("jardim de flores") era o antigo nome da Pérsia. A capital da antiga Pérsia chamava-se em tempos Suza, o nome do lírio.

Caraterísticas importantes:

- utilização de terraços, canais e bacias artificiais, fontes;
- criação dos jardins de caça - "paraíso", dividido em vários territórios distintos;
- inclusão de pavilhões de luxo separados e grutas artificiais na composição;
- variedades ricas de plantas, plantas ornamentais raras, flores e árvores de fruto;

Índia

O ambiente natural e a flora da Índia são muito diversificados e extremamente ricos. Os aspectos caraterísticos dos jardins foram o amplo desenvolvimento de sistemas de água e a conversão de jardins em conjuntos de água. A descrição dos jardins de Caxemira é bem conhecida por nós. Neles se cultivavam pepinos, melões e outros legumes.

Na Índia, a água era levada diretamente para os edifícios de habitação e para os pátios mais afastados através de bacias e fontes artificiais. A disposição dos jardins era estritamente regular e caracterizava-se por métodos de origem persa. Além disso, tinham sido criados jardins de ervas medicinais (romãzeiras e coníferas, pimenta preta, etc.).

O conjunto jardim-parque de Udaipur (1571 anos) é chamado de Veneza indiana. O ritmo dos terraços erguia-se sobre um sistema de árvores verdes escuras e perenes, lagos artificiais e naturais. No topo da área - a parte principal do palácio, um pátio interior decorado com uma piscina artificial. A composição foi completada com pavilhões de entretenimento ao longo das ilhas.

Conjunto jardim-parque de Udaipur

Na Índia, durante a difusão do budismo, iniciou-se a construção de pátios e jardins (de lazer) fora da cidade. Mais tarde, os objectivos mudaram sob a influência dos muçulmanos. A partir dos terraços foram criados becos largos e canais de mármore ornamentados com fontes. Os rectângulos dos jardins eram geralmente ornamentados com árvores de folha perene e de fruto. Enquanto o proprietário do edifício era vivo, este servia de palácio e, após a sua morte, de mausoléu.

O mais famoso dos mausoléus da Índia é o Taj Mahal em Agra (16301652). O imperador ShohJahon construiu-o em memória da sua mulher Orzumandbonu (Mumtaz Mahal). O mausoléu foi colocado no limite do jardim e da margem do rio, rodeado por uma montanha na parte de trás.[6] Assim, o mausoléu encarnava a ideia de jardim. Faz lembrar os palácios dos contos de fadas.

Taj Mahal em Agra

6 A arte dos jardins dos Baburids Sadikova S.H

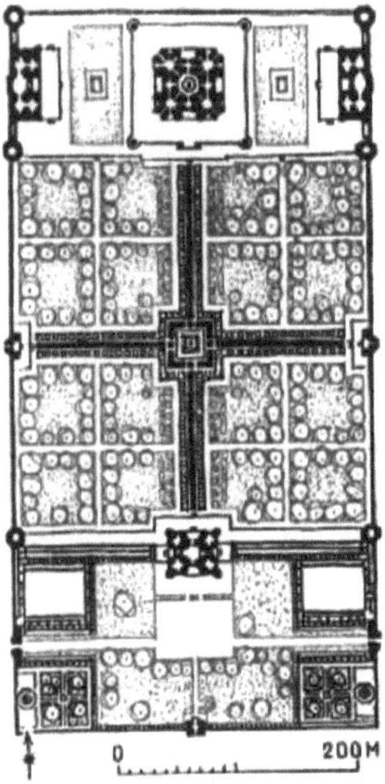

Mausoléu do Taj Mahal (túmulo-jardim) 9

Caraterísticas importantes:

- planeamento permanente rigoroso;
- desenvolvimento alargado dos sistemas de irrigação, transformando os jardins comuns em parques aquáticos;
- criação de jardins de entretenimento e lazer;
- paisagismo das casas e dos pátios interiores, com abastecimento de água - fontes, bacias artificiais.

China

O desenvolvimento da arte chinesa dos parques-jardins data do século XII, durante o período de florescimento das cidades assírias. Um exemplo é o parque do imperador Chau (3200 a.C.). Desde 247 a.C., durante o seu reinado de 41 anos, o imperador Tsing Hi-Hoang expandiu o território à volta dos seus jardins para 120 km e construiu tantos novos palácios quantos os países e condados que invadiu. Foram plantadas cerca de 3000 variedades de árvores.

Na arte do parque chinês, podem observar-se duas tendências:

- criação de grandes parques de imperadores;
- jardins com pequenas residências;

Para a arte dos parques-jardins chineses, vários métodos de composição foram apresentados, a partir da perspetiva do espaço, observando as estações e utilizando as suas regras. O aparecimento das primeiras investigações teóricas permitiu o desenvolvimento sistemático e consistente da construção de parques. O simbolismo desenvolveu-se sob a influência do confucionismo e do budismo. A seleção específica de plantas contribuiu para a realização de objectivos concretos: mostrar a amplitude das condições envolventes do cipreste direito, criando a ilusão de paisagens naturais de prados com verdes perenes e árvores frondosas.

As paisagens dos parques chineses dividiam-se em três tipos principais:

1) aterrorizante, 2) melhorar o humor, 3) tranquilizante.

As paisagens aterradoras incluíam sempre o seguinte:

- colinas artificiais e rochas suspensas sobre a cabeça;
- uma árvore, arrancada com raízes e bloqueando riachos tempestuosos;
- árvores de camelo e abetos, obscurecendo o sol;

Foi criado **um cenário para melhorar o estado de espírito** utilizando os seguintes elementos e regras: - um grande vale solarengo decorado com flores;

- algumas plantas, que florescem em todas as estações;
- enchendo a vista de contrastes.

Os contrastes foram reflectidos através de métodos específicos:

- ao lado de um salgueiro com ramos pendentes - um abeto hastado;
- madeira de camelo com corpo em forma de espiral e árvore leguminosa de floração branca;
- à volta de árvores coníferas - cerejas, maçãs, amêndoas, arbustos, sereias, flores perfumadas, plantas decorativas e rosas alpinas.

As paisagens tranquilizantes eram constituídas por:

- não é uma ilha grande com uma pequena casa de pescadores;
- um templo de treliça na rocha;
- curvado sobre a água, salgueiro de ramos e ponte.

A água era um elemento indispensável nos jardins chineses. As cascatas cobriam grandes superfícies. A água corria ao longo de ilhas e penínsulas artificiais. Tudo isto exigia a construção de várias pontes. As pontes eram construídas em forma de ziguezague (de aspeto curvo), elipsoide condicional, pois as pessoas acreditavam que "os demónios só se podiam deslocar no caminho reto". Os jardins situavam-se sobretudo junto à água: "Toldo dos pensamentos e das recordações", "Toldo que espalha o perfume da floresta", "Toldo da espera". Os toldos eram ligados por galerias cobertas.

As partes do complexo do parque estavam ligadas umas às outras por janelas de pedra - esculpidas nas rochas e designadas por janelas de entrada. Os portões "Paylou" decoravam os palácios dos imperadores, os locais de enterro, os templos, os mosteiros, as ruas da cidade e os parques. As obras de escultura (leão, taça para cinzas, pedra memorial) ajudaram a criar todo um conjunto de parques. Os jardins serviam de elo de ligação entre as estruturas gigantescas com formas leves, terraços elegantes, toldos e galerias. O "Parque Iheuan" (parque da tranquilidade) situava-se perto do palácio de verão do Imperador. Um quinto do território era ocupado por montanhas, planícies e ilhas, e o resto era água.

O "Parque Beihai" (Mar do Norte) foi construído de acordo com as tradições clássicas no centro de Pequim. No centro - as montanhas com a forma de uma pequena ilha. De um lado, estava ligada à galeria por uma barra de pedra branca, e do outro lado, havia um pavilhão "5 dragões" sobre a água. No meio da montanha, havia terraços, templos, pavilhões e toldos.

Parque Beihai

Na China, os parques em miniatura eram tão populares como os enormes. Os principais elementos do mundo reflectiam-se no imaginário chinês (séc. XV-XIV). - um pequeno lago com pinheiros;

- um toldo para observar a paisagem;
- árvores, flores, corredores e até a ponte.

Pequim, China

A Casa Chinesa era um complexo de casa e jardim. Não só a casa, mas também o interior era a continuação do jardim. Na província meridional de Gyeongju, estes jardins foram planeados para entrar na casa. Para o efeito, baixaram ligeiramente a inclinação na parte central do telhado, rodearam com um muro o lado ao ar livre da sala e plantaram árvores. Por sua vez, os pavilhões ajardinados serviam de alojamento durante todo o ano.

- **Caraterísticas importantes:**

- na China, os conjuntos de parques-jardins eram de três tipos: grandes parques e jardins do imperador, jardins de templos e mosteiros, pequenos jardins perto das povoações;

- a ideia de base - crenças religiosas ligadas à adivinhação de fenómenos e forças naturais (Confúcio, Taoísmo);

- utilização ativa de pedras;

- grande quantidade de superfícies de água, as mais pequenas formas arquitectónicas, que foram profundamente pensadas;

- escolher plantas de decoração para a paisagem rigorosa planeada e previsível;

- reanimação das paisagens originais, segundo os princípios seguintes:

- **yin** - atuar independentemente das condições locais;

- **jie** - utilizar o ambiente de uma forma optimizada;
- determinação dos níveis primário e secundário;
- utilizar contrastes - pequeno e grande, largo e estreito, alto e baixo;
- obter mais resultados com pouca ação;
- tentando alcançar um equilíbrio equilibrado;
- ter em conta o fator tempo ao sentir a paisagem.

Um exemplo clássico do parque chinês

Ponte em forma de ziguezague

Janelas de entrada

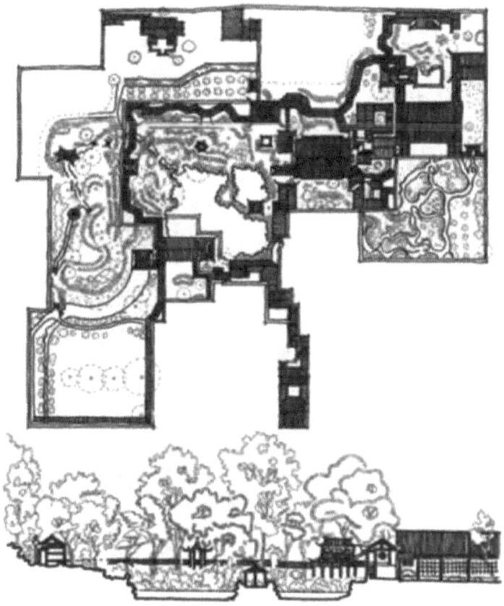

O Parque Lye em Su Chjou ("O Tempo Passado em Silêncio")

Japão

O Japão é um país antigo e as suas fontes de arte remontam ao século VIII a.C.. Mas o período mais marcante foi o período do feudalismo (séculos VIXIX). A arte e a estética japonesas desenvolveram-se em condições naturais e históricas muito específicas. Como o país se situava nas ilhas, a área era de 372 mil quilómetros quadrados e 2/3 da mesma estava coberta de florestas. Aí cresciam árvores como pinheiros, cedro japonês, cipreste, criptoméria, zimbro, árvore de camelo, tis, carvalho, bambu, magnólia, caducifólia e aucuba. O relevo reflectia-se de forma brilhante. A extensão das linhas costeiras era visivelmente curvilínea. É o país dos tufões, dos tsunamis e dos terramotos mais frequentes; o norte da ilha tem invernos com neve, enquanto o sul goza do verão durante todo o ano.

De acordo com as fontes históricas, os primeiros jardins surgiram no século VII. O jardim do palácio do imperador Suyko é um dos primeiros jardins (592-628). Um sistema separado de jardins japoneses foi criado em 794, quando a capital Haiyan foi estabelecida (por conta de Keota).

Os primeiros jardins foram os "Lagos e Ilhas", relacionados com o estilo "sinuen" que se via claramente na arquitetura dos nobres. Faziam lembrar o estilo chinês e eram conhecidos como "estilos de palácio". Era único, com muitas tradições e métodos de composição claros. Destinavam-se a ser vistos com prazer e eram muito importantes não só nas cerimónias comunitárias, mas também nos pátios do imperador e na vida dos aristocratas.

Enquanto a residência do imperador japonês se situava na aldeia de Kamakura, a doutrina dzen das seitas budistas começou a influenciar a cultura japonesa (1192-1333), mudando também a atitude em relação à construção de parques. A doutrina era a única fonte de sentimento interior e de compreensão da verdade. A aprendizagem contínua, os sonhos e os pensamentos levaram à compreensão da verdade da religião de Buda.

Durante esse período, foram desenvolvidas três grandes categorias da cultura japonesa

- **sin, gyo, so**; relativamente aos jardins, foram confirmadas pelo seguinte:

pecado - O conjunto dos elementos do jardim, a verdade, a exatidão;

gyo - laconismo semi-simbólico;

assim - um simbolismo ideal, espremendo o mais possível, mas de forma expressiva "um jardim seco".

A criação de um sistema de jardim tão complicado exigia uma teoria muito desenvolvida. "SendzaiKisi" (período Heian - século IX) - o livro mais antigo sobre a arte dos jardins, baseado na teoria do contraste (século XIII). Nessa altura, na interpretação da paisagem, tinha surgido a doutrina que confirmava que as pedras constituíam a base de cada composição (ou seja, os jardins de pedra). A composição de composições insignificantes não ultrapassava as cinco pedras. Em particular, o "**Jardim das Pedras**", perto do templo Ryoandzi em Kyoto, foi criado sob a influência da ideia popular do dzen (o melhor exemplo é o jardim do monge-artista Soami). A área do jardim era de 218,8 metros quadrados e a composição era constituída por 15 pedras. Só era possível ver 14 pedras de qualquer canto do jardim. Uma pedra ficava sempre escondida.

Esquema planeado de jardins japoneses

A - jardins planos (uniformes);

Б, В - jardim na colina.

Jardim na colina em estilo Sin

O antigo jardim japonês não tinha relvados. Em vez disso, utilizavam o solo húmido prensado. O solo era frequentemente coberto com areia cinzenta-branca ou dourada e, em alguns casos, com padrões. As pedras planas eram concebidas para caminhar.

O dispositivo arquitetónico principal era uma residência e o templo situava-se no centro do jardim. Era o melhor sítio para ver o jardim. A composição do jardim era claramente proporcional.

Por exemplo, para a composição palácio-parque:

- 40% - base do edifício;
- 30% - lugar aberto (espaço);
- 30% - plantas.

As árvores e os arbustos foram escolhidos principalmente em função do contraste entre a perenidade e a floração. A cerejeira Sakura e o pessegueiro foram apreciados pela abundância de floração na primavera, o ácer - pelas belas folhas no outono, e a bananeira - para ouvir a "música de queda" durante a chuva. O caudal de água causava grande impressão nas pessoas. Na falta de água, compunham um curso de água seco e decoravam-no como um verdadeiro riacho. A arte do jardim também foi influenciada pela cerimónia do chá (tya-no-yu). Desde o século XVI, a cerimónia era realizada em pequenos jardins ou em pavilhões de chá - se as pessoas tivessem um. Durante a cerimónia, utilizavam a capacidade de descrever significados e conteúdos complicados e multifacetados de uma forma simples (sabi).

A construção de jardins em áreas mais pequenas encorajou a arte de cultivar **árvores bonsai**, multiplicando assim o aspeto da composição compacta do jardim.

Bon-seki - a composição de pedras no tabuleiro (VI c.), diferenciava-se pelo simbolismo. A cor verde indicava a primavera verde, a cor vermelha significava a maravilha, a cor preta exprimia o olhar do sol de verão e a cor branca dava a imagem da montanha coberta de neve.

Syui-seki - Água e pedra. Movimento das pedras por ação do tempo e da humidade. Foram selecionados tabuleiros de porcelana ou faiança, brancos ou amarelados. A pátina nas pedras, as flores a desabrochar reflectiam a amplitude e a tranquilidade do mundo. **Bon-key** - paisagem no tabuleiro (séc. XX), **hako-niva** - jardim na caixa, o desenvolvimento da arte antiga. A utilização de tabuleiro em metal ou cerâmica, porcelana ou pedra vidrada.

Durante 10 séculos, no Japão, foi-se aperfeiçoando a arte de criar composições a partir de flores - **ikebana** - que não necessitam de tradução. Sendo mais claro - "a preservação das flores para a segunda vida".

Caraterísticas importantes:

Existem três tipos principais de jardins:

- jardins do palácio ou jardim das "Ilhas e Lagos";
- jardins planos ou em colinas de templos e edifícios residenciais;
- "jardins de chá".
- base da ideia - filosofia budista - igualdade entre as forças activas e passivas da natureza;
- gerir a correspondência teórica baseada nos ensinamentos de Gokiykoyi, Soami, Musa sobre a Paisagem;
- composições de jardim baseadas nos princípios sin, gyo, so;

- centrar-se na igualdade natural e na harmonia plena de espaço livre;
- suavidade da cor geral, uma combinação ténue de cores verdes e cinzentas;
- musgo - o último toque aprovado da natureza.

Os métodos caraterísticos na construção dos parques de jardim japoneses incluem:

- utilização do tema ou dos motivos gerados pela natureza;
- colocar lagos, riachos e pedras na composição;
- nivelamento de árvores por corte.

A Ásia Central na época dos Timúridas

(O último quartel do século XIV - os séculos XV-XVI)

Em 1370, Amir Temur tornou-se o único governante de Movarounnahr e estabeleceu o grande império que, até à sua morte (1405), reinou nos territórios desde o Mar Mediterrâneo até à Índia. Este período foi uma época de grandes realizações e contradições.[7] Na vida política, procurou unir países e nações dentro do império. Abordou questões globais como o estabelecimento de um comércio internacional mais alargado na economia, o crescimento do artesanato e do comércio, o fim da pobreza nas grandes cidades e regiões. Amir Temur promoveu o desenvolvimento da espiritualidade, da educação, da cultura e da ciência.

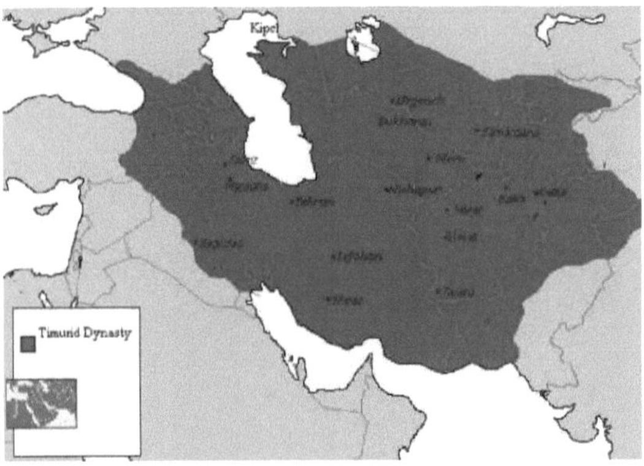

Um mapa do Império Timúrida

Foi a época do florescimento da arte do parque-jardim. O planeamento dos jardins era realizado de acordo com os regulamentos desenvolvidos com base num plano bem pensado. Muitos mestres da arquitetura realizaram trabalhos de construção e decoração de jardins, cujos nomes são conhecidos da história:

Shahabuddin-Ahmad Zardakashi foi um dos fundadores dos Jardins de Samarkand de Temur;

Mirek-Sayid Giyos Sultan-Mahmud - um grande poeta de Herat, mestre da água

7 Ruy Gonzalez de Clavijo Diário de uma viagem a Samarcanda à corte de Timur

artificial e do planeamento de jardins; nesse período, os jardins arquitectónicos, o "jardim quádruplo", eram de importância vital, e o princípio geral de planeamento era o território quadrado do jardim.

A regra do planeamento de jardins, expressa no tratado "Irshad az-Zra", foi criada em Herat e dedicada a Alisher Navoi (famoso poeta e homem de Estado), o principal patrocinador da construção de Herat. O **jardim quádruplo**, recomendado sob a sua orientação, estava orientado na direção da luz e era rodeado por muros e fileiras de choupos. A corrente de água principal era dividida por grandes corredores e pequenos cursos de água. No interior do beco, encontrava-se um edifício solene com um "**peshgoh**" quadrado de pedra, piscinas e canteiros de flores. O próprio edifício estava rodeado de árvores de sombra - plátanos, amoreiras e olmos, e o território principal do jardim estava dividido em praças "chorchman".

A área do jardim foi dividida em formas geométricas - triangular, quadrada e hexagonal, onde foram dispostos encantadores canteiros de flores, e as alamedas foram divididas e plantadas com várias árvores decorativas e de fruto. A plantação das árvores, dos arbustos e das flores foi efectuada com base num sistema muito bem pensado. Na escolha das flores, a época de floração era muito importante, pois as flores floresciam sempre nos jardins.

A caraterística distintiva dos Jardins Timúridas (ao contrário dos parques europeus) era a combinação de árvores decorativas e de fruto, que serviam não só para satisfazer as exigências **utilitárias**, mas também esteticamente tinham uma definição clara. As cores vivas da primavera e as folhas douradas do outono davam ao jardim um toque completamente único. Os jardins eram rodeados por muros, nalguns casos feitos de pedaços de barro (**pakhsa**). Nos cantos eram erguidos pequenos minaretes, que serviam de ponto de observação e eram cobertos de azulejos. Situado no centro principal, o alto portal de entrada era decorado com luxo.

Existiam também, necessitando de algum alívio tranquilo, jardins em socalcos dispostos em encostas, por vezes muito altas, no planeamento de jardins-parque. Por exemplo, o jardim "Bogcha" de Ulugbek. Um terraço de entrada estava alinhado com

o

O edifício foi construído em terra batida, com um lago circular e doze tigres em quadrado no centro. Lado a lado, foi colocada uma luxuosa tenda coberta por placas de ónix, com um trono quadrado no topo - **takhtagoh**. Para além disso, havia vários outros terraços em diferentes edifícios.

O sistema de irrigação dos parques e os diferentes dispositivos hídricos eram extremamente importantes. Os canais, as bacias, as piscinas e as cascatas em degraus eram objeto de um plano regular. Tinha sido recomendado colocar os pequenos riachos poligonais planos ao longo do jardim quádruplo, enquanto se construíam ruelas centrais, e localizar a bacia na zona oposta à casa. A viragem da direção das pontes, dos rios e dos cursos de água era estranha à estética do Médio Oriente. A exatidão da forma era, de facto, apreciada. De acordo com as regras, as piscinas apresentavam uma forma geométrica estável poligonal, circular e retangular.

Várias tendas, camas de repouso elevadas, tendas de luxo ou a **cadeira-trono** sob a tenda eram as partes integrantes necessárias do jardim da Ásia Central. O mausoléu para os religiosos mais honrados ou para as gerações nobres era construído nos jardins. É o caso do mausoléu do jardim de Bogushirun, do khonakho Hoja Abdi Darun, de Ishratkhona, dos mausoléus dos descendentes dos Temuridas e dos membros das suas famílias em Samarcanda. As fontes escritas preservaram notas e pequenas histórias sobre os notáveis jardins de Samarkand, Herat, Cabul e outras cidades.

Os jardins de Amir Temur e dos Temuridas nos séculos XIV-XV

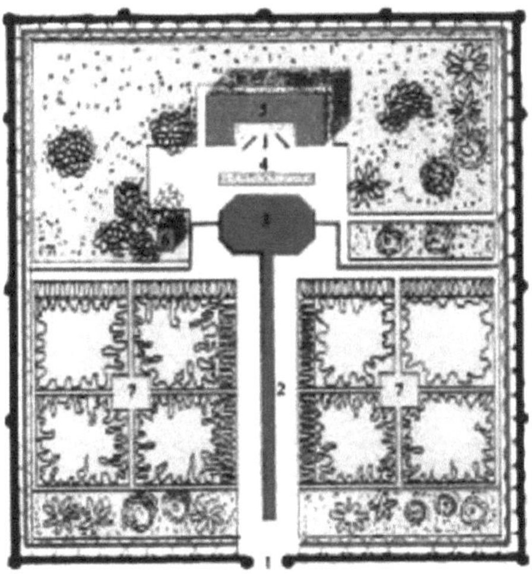

Reconstrução de G. Pugachenkova sobre a pintura "Iroshoduzziroat fi ilmilharosat" do estilo tradicional do Jardim Quadrante (Chorbog).1951 y.

1 - portão; 2 - beco principal; 3 - piscina; 4 - canteiro; 5 - palácio; 6 - trono;

7 - caminhos pedonais.

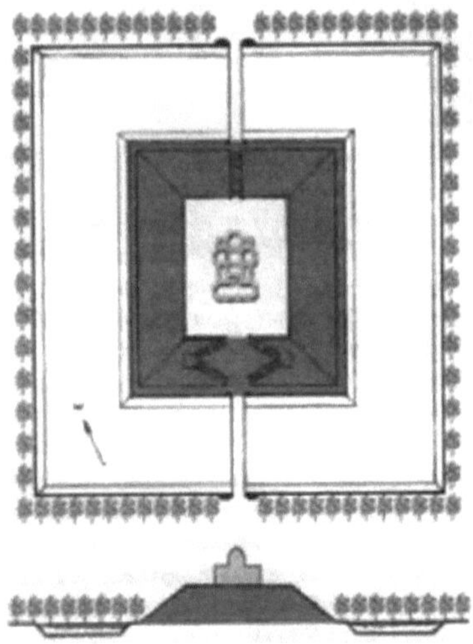

Reconstrução gráfica da colina do palácio e do plano do palácio no jardim de Davlatobod (por U. Alimov)

Em especial, foram homenageados os jardins criados em Samarcanda durante o período dos Timúridas:

-Nakhshi Jahon ("O Jardim de Ornamentos do Mundo");

- Boghi-Baland ("Jardim Alto");

- Boghi-Shamol ("Jardim do Vento do Norte", 1397);

- Boghi-Bihisht ("Jardim do Céu", 1378);

- O Boghi-Nav ("Jardim Novo", 1404) e muitos outros jardins foram criados em honra das suas amadas esposas e filhas, para um regresso bem sucedido a casa após viagens e campanhas militares.

Em Herat, os jardins estão maioritariamente situados nas regiões do sopé da montanha. São especialmente famosos os jardins anteriores ao reinado dos Temuridas:

- Boghi-Baland ("Jardim Alto");

- Boghi-Zaghon ("O Jardim dos Corvos");

- Boghi-Safid ("Jardim Branco") e outros.[8]

O melhor deles foi o Boghi-Nakhshi-Jahonaro ("O Jardim de Ornamentos do Mundo") do Sultão Hussain Boykaro.

Um poeta famoso, Alisher Navoi, também tinha vários jardins: Jardim Puli-Sangakashkan (Jardim das pessoas que transportam pedras para a ponte), Jardim Pequeno e Shaukiya ("Jardim Atrativo") e muitos outros.

Entre os parques construídos por Zahriddin Babur em Cabul, os mais belos eram: Boghi-Binafsha, Boghi- Behisht, Boghi-Chinor e outros.

Para além dos jardins pessoais dos governantes e príncipes, existiam também jardins ligados a edifícios religiosos, de caridade e de carácter civil, com decoração e localização adequadas.

As ruelas tinham sido construídas desde tempos antigos. Eram plantadas com algumas faixas de árvores (sobretudo salgueiros) e, entre elas, eram colocadas casas de chá (choy- khona), lojas e, por vezes, mausoléus de luxo. Era um local de repouso rural para os habitantes da cidade, para feriados seculares e religiosos, reuniões e rituais, e para divertimentos e desfiles.[9]

Caraterísticas importantes:

Os principais tipos de construções de parques-jardim eram:

- jardins privados de nobres e governantes;
- jardins com carácter caritativo e civil, junto ao edifício religioso;
- A via pública - a principal estrada que circunda a cidade - é um local de férias e cerimónias.

O tipo de planeamento do jardim é:

- parque criado pela arquitetura - um "jardim quadrilátero" - o principal tipo de jardim;
- jardim no tipo de terraço (peshayvon) imagem.

---

8 Estilo tradicional de "Charbag" e arte moderna de jardins na Ásia Central A.S. Uralov, S.N. Sadikova

9 "Charbag" D.A. Nazilov 1997

Os principais princípios de planeamento da jardinagem são os seguintes:

- geometria predatória no planeamento de ambientes fechados;
- as superfícies dos jardins quadrados e rectangulares devem ser divididas em quatro partes;
- Separar o centro principal e localizar nele um rico acesso decorado;
- rotação do território com muros altos;
- disposição do edifício principal no território;
- divisão da área principal em partes;
- aplicar um sistema de plantação bem pensado às árvores, arbustos e flores, de acordo com a época de floração;
- ligação na plantação de árvores de fruto e decorativas;
- ampla utilização de tendas, pavilhões e outras estruturas.

Reconstrução do jardim por D. A. Nozilov

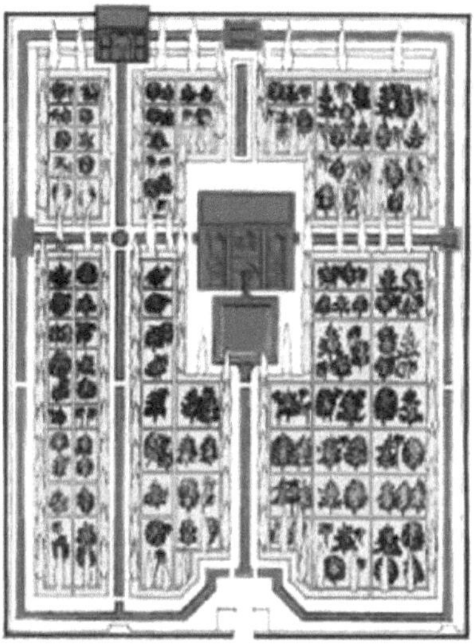

O jardim foi criado em estilo de jardim quadrangular, alameda e canteiro. XVI c.

Aspectos específicos das exigências estéticas da arquitetura paisagística europeia antiga e medieval

Durante o **período helenístico**, notou-se o florescimento da arte dos parques-jardins. **O parque de Papeyon** situa-se no centro de Alexandria, com árvores verdes que constituem ¼ da sua área. O parque foi dividido em 4 períodos pela cultura artística grega:

1 - "gomerov" - de fontes VIII a.C;

2 - arcaico - VII-VI a.C;

3 - clássico - V-IV a.C;

4 - Helenístico - séculos I-III a.C;

Durante os períodos "Gomerov" e arcaico, as árvores divinas - geroon - um tipo de parque sistémico foi concebido e planeado com pequenas formas arquitectónicas. Naquela época, a arte dos parques-jardins era utilizada não só para fins lucrativos, mas também em cerimónias religiosas. Para o desporto e a natação, os edifícios, as piscinas, as mesquitas e os templos eram rodeados de palmeiras, oliveiras, pistácios e outros. Havia fontes, vasos e esculturas em redor. As obras de ajardinamento público começaram na altura do restabelecimento das cidades após os iranianos (500 anos a.C.). Os plátanos rodeavam as praças da cidade e eram decoradas com pequenos jardins com colunas perimetrais.

Nos séculos V a.C., foi concebida a orientação sobre a floração e a jardinagem. Os gregos tinham cultivado rosas, lilases, crisântemos (flores douradas), cravos, flores ornamentais e outras.

As histórias e lendas sobre as flores faziam parte da mitologia grega antiga. Esta considerava os cravos como uma flor divina. Antioquia do Orontes, a capital da Síria, era incrivelmente popular pelos seus jardins. Os parques incluíam uma série de locais de banho, portais, fontes, casas de lazer, hotéis e outras instalações. A decoração mais comum do jardim eram as grutas (cavernas artificiais) e os corredores cobertos - as pérgulas. As fontes das bacias eram ornamentadas com estatuetas. Com o tempo, o jardim perdeu o seu valor educativo e transformou-se num local de entretenimento e recreio.

Caraterísticas importantes:

- expressão e singularidade do afeto, da fortaleza, da beleza e da imagem artística na arte do jardim-parque.
- criação de novos tipos de edifícios públicos: implementação de um sistema de vegetação em teatros, hipódromos, estádios e ginásios;
- nascimento e crescimento do novo tipo de jardins - cidade-comunidade;
- composição de jardins - contar sempre com o atelier e a seleção do belo ornamento paisagístico (Acrópole de Atenas);
- desenvolvimento da ciência da prática na flora, natureza, teoria e arquitetura;
- caraterísticas da arquitetura de jardins e parques:
- utilização do relevo na instalação de terraços;
- criação de piscinas artificiais, fontes, pequenas formas arquitectónicas e esculturas;
- criar harmonia na transição do interior para o exterior;

Roma Antiga

Sob a influência da Grécia, o jardim de tipo **peristilo** foi desenvolvido em frente das residências dos proprietários de escravos na Roma antiga. Tratava-se de um pátio interior, rodeado de colunas, decorado com pequenas árvores, arbustos e flores em forma de parterre. Para que a arquitetura estivesse em harmonia com o ambiente, as árvores resinosas, os teixos e os ciprestes eram alinhados cortando as extremidades. No centro do pátio, foi colocado um elemento famoso nos jardins peristilos de Pansa, a piscina decorativa (impluvia) com fonte, adornada por esculturas. Muito rapidamente, as composições peristilas foram instaladas nas praças das cidades e tornaram-se o elemento principal dos edifícios públicos (o edifício do fórum de Pompeia do séc. II a.C.).

Nos séculos II-I a.C., a deslocalização das cidades italianas levou à construção de villas (palácio-jardim) no campo, com variações:

Moradias de aldeia ou de quinta, o elemento principal - moradias com jardim de fruta (**moradias rústicas**);

Parques de cidade ou de diversão (**moradias urbanas**).

Aquando da criação das moradias, foi escolhido o local com belas paisagens, com "sobreposição" de muitos terraços. O corpo principal da moradia tinha uma forma em N na planta, contendo por vezes um volume separado. Em frente da moradia situava-se o **ksistos** com um rico canteiro de flores. O jardim, resolvido em sistema de planificação constante, realça a importância da composição. O sistema de formas geométricas serviu de base à planificação do jardim: as árvores, constituídas por filas hemisféricas de ciprestes, e os canteiros em forma de quadrante e de losango, com rosas ou outras flores. Esta parte do jardim era conhecida como "hipódromo".

Desenvolveu-se pela primeira vez a **topiaria**, uma arte figurativa de ornamentação de plantas, que recebeu o nome do jardineiro Topiarius. A figuração era feita sob a forma de vasos, templos, utensílios de mesa, aves, animais, homens e mulheres. Nos séculos II-I a.C., em Roma, surgiu o estilo de plantação das árvores quíntuplas (quinquse romana), que se dispunham numa direção clara, aparentemente diagonal, com um tronco aberto.

Os canteiros eram arranjados de acordo com as estações do ano - anémona, astra, sunbulgul, zafargul, shabo, leão-de-chácara, nargis, cravo, tabargul, tulipas, violeta, lírio e muitas outras flores. As rosas tinham um valor especial. Por todo o lado se estabeleceram **rosários**.

Casas de banho, piscinas, tanques para peixes - eram os elementos obrigatórios da vivenda e exigiam um grande número de tanques. Para o efeito, foram colocados reservatórios subterrâneos, nomeadamente no maior local da área da vivenda. A plantação de arbustos à volta do território ajudava a evitar o sobreaquecimento.

Os aspectos mais caraterísticos desse período foram:

A vila dos mistérios (fim do séc. III - início do séc. II d.C.);

A villa de Papiro junto a Herculano e a villa de Diomedes (I d.C.);

A villa de Lacula (I c. d.C.);

Para o período do Império Romano, a villa de Adriano, imperador de Tibur, é mais notável, com paisagens, relevos e herbicidas italianos maximamente utilizados. A sua composição é constituída por quatro núcleos. Diferença de superfícies - 40 metros.

No início do período, os jardins comunais começaram a surgir no império, nomeadamente, no Campo de Marte (de 63 a 14 a.C.), como um magnífico parque, incluindo piscinas, fontes, bacias de natação e grandes lagos para entretenimento.

Durante o reinado do imperador Augusto foi criado um pequeno jardim (115x75 m) em Livi com um parterre profundo e um pórtico no meio da área. Uma escada de 20 m de largura conduzia ao parterre. No muro, à volta do jardim, foram construídas prateleiras em forma de hemisfério. O parterre era rodeado pela colunata. No centro - a piscina. O jardim era constituído por uma área em forma de retângulo. As ruelas eram decoradas com pérgulas.

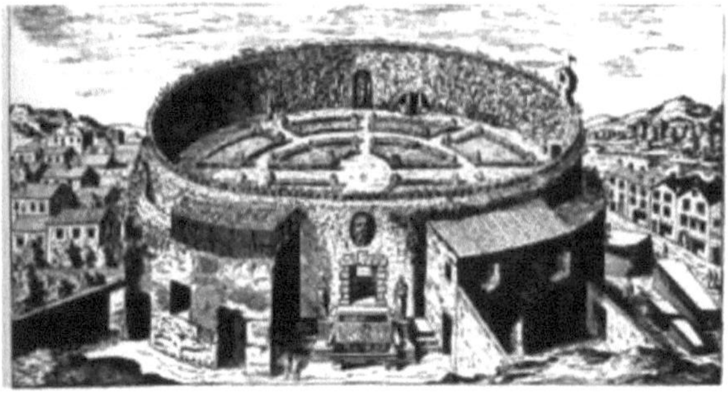

O túmulo de Augusto no período renascentista

Caraterísticas importantes:

- harmonização da grandeza e da solenidade da construção racional no planeamento;

- correspondência de uma determinada tarefa com a aparência de um edifício;

Desenvolvimento dos parques-jardins em três direcções:

- jardins de apartamentos de estilo aftrium-peristyle;

- casas de campo;

- hortas urbanas comunitárias;

- Preparação da composição, que realça o núcleo principal do edifício central com o seu aspeto expressivo;

Na arte da jardinagem, os métodos específicos de relevo, natureza e clima foram caracterizados por:

- realização de actividades de recuperação e de instalações hidro-técnicas;

- terraceamento das encostas para acolher as instalações e dividir o parque;

- utilização de canteiros de flores e esculturas;

- o desenvolvimento da investigação sobre a arquitetura da Grécia antiga.

Período do Feudalismo. Idade Média.

Durante o período feudal, a arquitetura tornou-se um líder na arte. Havia dois métodos básicos na cultura:

Romano (metade do séc. XIII)

Gótico (até ao Renascimento)

Os jardins dos templos, dos palácios e das defesas da cidade reduziram drasticamente as suas dimensões - a atenção centrou-se nos jardins interiores. Esses mesmos jardins tornaram-se um elo de ligação entre a população urbana e a natureza. Os parques com planeamento de rotina estavam divididos em zonas quadráticas ou rômbicas e tinham, na sua maioria, um carácter benéfico. Aí eram plantadas ervas medicinais e árvores de fruto decorativas. Assim nasceram os jardins botânicos. Surgiram novos pormenores - **labirintos** - linhas curvas ou corredores intrincados. Este motivo planeado caracterizava não só os jardins medievais, mas também os posteriores.

Para essa época eram típicos dois tipos específicos de jardins: os **monásticos** e os **feudais**. Os jardins de tipo monástico tinham um plano de constância. Plantavam-se principalmente árvores de fruto, uvas, legumes, flores, ervas medicinais. O principal atributo do mosteiro era simbólico, autónomo, surpreendente, o silêncio, a indiferença, a beneficência. As paredes inferiores eram frequentemente territórios separados uns dos outros. Os pátios interiores dos templos eram designados por **cluatrs**, de que é exemplo o famoso Jardim de S. Gallen, na Suíça.

Os jardins feudais situavam-se no interior dos castelos e das residências dos senhores feudais e eram geralmente mais compactos do que os jardins dos templos. Tinham um plano regular e destinavam-se não só ao lucro, mas também ao relaxamento. Os jardins feudais dividiam-se em: Benéficos (beneficiar de algo);

Um espaço de entretenimento, com relvados, flores, ornamentado com árvores baixas, com muitos pássaros, e o território era frequentemente povoado por jardins zoológicos.

Os elementos decorativos dos jardins eram as alamedas de vinhas cobertas, canteiros pintados de forma especial, grelhas de escada, pérgulas, rosários, flores, macieiras.

Os mais populares: O Jardim do Kremlin de Fredric II em Nurnberg (1215-1258 anos), o Jardim Real de Carl V (1519-1556 anos), com a plantação de cerejeiras, os loureiros e os canteiros de rosas e lírios.

Em 1524, em Pisa, foi criado o primeiro jardim botânico da Europa. A variedade de plantas do jardim foi enriquecida com muitas plantas exóticas em 1493, com a abertura da América. Gradualmente, os jardins benéficos transformaram-se em jardins ornamentais.

Jardim permanente no Mosteiro

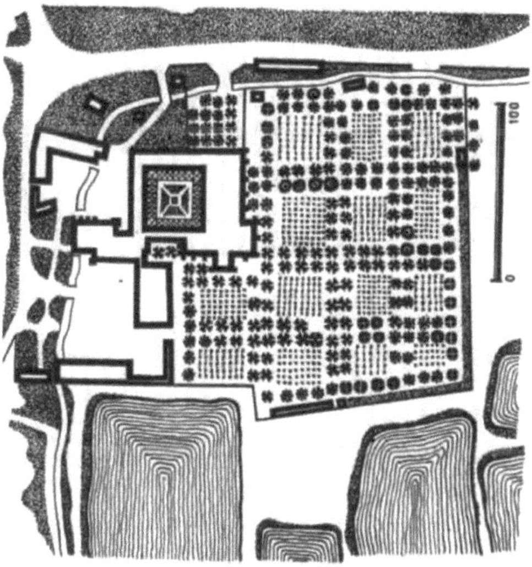

Jardim do mosteiro na cidade de Mogila

O Labirinto

Jardins de tipo mauritano em Espanha

A criação do Califado Árabe no século VII uniu os territórios ocupados da Síria, Palestina, Irão, Egito, Iraque e Espanha. Com base nas conquistas culturais destes países, os árabes criaram a sua cultura e arte únicas de jardins - jardins magníficos em países importantes como o Cairo, Samara e Bagdade.

A arte oriental muçulmana distingue-se pela sua solenidade e abstração. A construção utilizava dois tipos de edifícios: as mesquitas e as madrassas, com uma galeria coberta, rodeada de grandes pátios, quase todos os edifícios eram agrupados.

Os jardins eram de pequenas dimensões, fechados, como o pátio ajardinado, com um pequeno portão de rua. A sua decoração era simples: piscinas e cadeiras, azulejos de faiança. São especialmente conhecidos os jardins da Mauritânia em Espanha (Península da Perinéia), obras-primas da jardinagem árabe.

Desenvolvendo rapidamente os conhecimentos hidráulicos dos romanos, os sábios árabes transformaram a Espanha rochosa em jardins floridos.

As fontes sem seca tinham ajudado a compensar as montanhas rochosas. Os jardins mauritanos de Espanha distinguiam-se pela elegância dos antigos jardins árabes, pela profundidade do seu conteúdo e pela sofisticação das formas. Os jardins da Mauritânia dividiam-se em **interiores** e **exteriores**.

Os jardins exteriores não foram concebidos para o luxo, mas sim para as necessidades agrícolas. Estavam completamente plantados com amoreiras e árvores de fruto. Havia uma fonte no centro do jardim.

Os jardins **interiores** eram rodeados por casas, pela galeria e pela arcada e, nalguns casos, por edifícios de dois andares. Distinguiam-se pelas raras variedades de plantas e eram decorados com um gosto delicado. Não havia necessidade de cortar árvores e arbustos. As numerosas variedades de plantas, a existência obrigatória de dispositivos de água e a divisão de terraços tornaram-se o elemento principal dos jardins fechados (interiores).

Os mais famosos e mais bem conservados são os jardins de Algamba e Generalif. O Palácio Vermelho de Algamba foi a residência principal do governador de Granada. A sua construção começou em 1252 e durou 100 anos. Ao mesmo tempo, o parque Generalif, em forma de terraço, foi erigido na colina da encosta, que era a residência de verão do emir da Mauritânia (150 metros acima de Algamba). O palácio tinha um aspeto interessante devido ao canal de mármore branco de 40 metros, porque a corrente de água criava dobradiças aquáticas.

Caraterísticas importantes:

O tipo feudal de síntese da arte consistia em fornecer uma ideia única para cada tipo de uma ideia comum;

- existência de símbolos;

Os principais objectos do parque-jardim medieval eram os seguintes

- jardins interiores de templos - cluatrs;
- decoração e jardins utilitários nos castelos e templos;
- jardins de lazer (canteiros ou jardim do amor);

As principais caraterísticas são:

- geometria no planeamento;
- plantação em linha;
- cortar as árvores e os arbustos - arte da topiaria;
- labirintos;

As caraterísticas da arte árabe dos parques-jardins são as seguintes

- planeamento geométrico da barreira na composição geral de diferentes tipos de ambientes fechados activos;
- a cultura semelhante à construção de jardins nos territórios ocupados;
- limitações dos dispositivos decorativos (escultura, grelha de bordado);
- utilização de conjuntos de relevos como elemento principal (terraços);

- plantas (corte) e água (fontes e cascatas em escada);
- tendo em conta as caraterísticas individuais das plantas;

A Renascença

Itália

Florença era o centro da arte e da cultura de todo o norte de Itália. Uma bela vista sobre a colina, uma vez que foi projectada para a construção de vilas com jardins em socalcos fora da cidade (**villa gardens**), incluindo o rio Arno.

Em vez das composições fechadas e esquemáticas dos pátios da época medieval, surgiu uma forma peculiar de jardins associados à natureza. É notório ver que todas as conquistas do mundo da arte antiga foram acumuladas pelo aperfeiçoamento técnico da arte antiga.

As villas do tipo Florença são as seguintes:

Villa dos Medici Vo Fiesole perto de Florença (Mikelotsoo 1396-1472 y.) Villa Kayyano em Pojo (Giuliano da Sangallo 1445-1516 y.)

A composição arquitetónica centralizada, os terraços que se adornam e uma escada que liga a escadaria, dão uma ideia clara do domínio do homem sobre a natureza.

Roma - foi a continuação e o desenvolvimento das tradições de Florença. Ali, a importância agrícola das villas tinha sido transformada num plano secundário ou completamente perdida. [10]

A arte da pintura e da arte do parque em Roma foi influenciada pela criação dos artistas e arquitectos Bramante (1444-1514), Rafael (1483-1520), Palladio (1508-1520), e pelo aparecimento de muitos novos métodos artísticos.

Em 1503, Bramante incorporou a construção do Vaticano num conjunto, criando um longo pátio e um jardim de diferentes graus. Uma nova forma de terminar a composição - um lado comprido do centro - um nicho, e o outro lado - um anfiteatro (pátio do Belvedere). O pátio do Belvedere foi utilizado como cenário de espetáculo, e a parte envolvente do jardim serviu de decoração.

Esta era uma forma caraterística de Itália. Em 1527 (séc. XVI), a villa de Madame

---

10 Baustilfibel Herbert Kurtz e Aribert Kutshmart

Rafael desenvolveu o método de Bramante - a composição interior de condições abertas do jardim - o princípio de enfilade (casas interligadas) e a divisão do jardim através do corte das plantas.

A Villa Madame era composta por quatro partes:

- praça que faz lembrar os primeiros jardins medievais por natureza em planeamento;
- circunferência do pórtico com perímetro, esculpido;
- estádio com tribunos.

Com um planeamento rigoroso, a parte regular do jardim foi harmonizada com a natureza e as caraterísticas do local. Os principais instrumentos da arte do jardim-parque - plantas de folha perene, pedra e água - começaram a desempenhar um papel importante em toda a composição de Itália. Degraus, bancos, bosques e fontes foram concebidos para criar efeitos diferentes. Villa de Este em Tivoli (1540 y.); Villa Lente blitz Viterbi (Vinola 1507-1573), onde a ideia de passar do pavilhão ensolarado para a sombra do jardim foi lentamente mudando para a floresta.

Villa Lente blitz Viterbi

Villa D'Este

Um fragmento

B - planta: 1 - torre, 2 - terraço, 3 - fonte dos dragões, 4 - beco, 5 - fonte de Sevilha, 6 - rituais, 7 - bacia, 8 - órgão de água, 9 - parterre

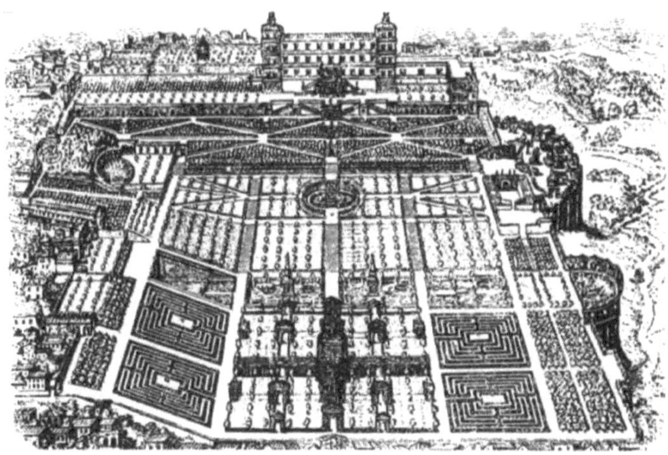

Villa D'Este

Os novos elementos na decoração do espaço de jardinagem foram os seguintes:

- teatro aberto rodeado de arbustos cortados;
- pequeno jardim fechado (jardim privado);
- grandes quedas de água niveladas.

Caraterísticas importantes:

- o principal tipo de jardim - as villas-jardim; trata-se, em primeiro lugar, de uma quinta de rendimento e, mais tarde, de um conjunto de parques situado perto do palácio ou fora da cidade;
- a superioridade do ser humano sobre a natureza na composição;

A composição da constância baseia-se nos seguintes princípios:

- união do conjunto jardim e moradia;
- solenidade pesada (proporção racional e harmónica);
- disposição consecutiva das composições (enfilade), organização séria;
- tranquilidade e peso;
- exatidão geométrica do plano (quadrado, círculo);
- a disposição da perspetiva em comprimento (ao longo da vertente) e depois em profundidade (à largura da vertente);
- criar vários efeitos teatrais;
- sublinhando as ligações com a Roma antiga;

Os aspectos específicos dos métodos de construção por composição incluem o seguinte:

- rodeado de muros altos, pedreiras, balaustradas, decorado com esculturas, grutas, encostas e colinas graduadas;
- saída de água com nascentes de bacias, fontes e sistemas de piscinas para o

território do jardim;

- escultura no fundo do paisagismo ou no acabamento em anfiteatro do jardim;
- decorar os canteiros com imagens obrigatórias de tapetes de flores;
- corte de árvores e arbustos;
- utilizar os alojamentos como ponto de observação e passar gradualmente do ambiente interior para os jardins ao ar livre.

A partir da década de 1530, duas correntes dominaram a arquitetura italiana: a arte do **Barroco**, a ideologia contra da Igreja Católica;

maneirismo, preparando o desenvolvimento do classicismo na Europa;

Na década de 80 do século XVI o barroco confirma-se na arte jardineira e apresenta a arte burguesa. Caracterizam-se as vilas dos Borges (1608), Pamoril, Albam (1746), Aldobramdim (1598-1603).

A villa Aldobrandin (autor Giacomo Della Porto 1540-1602, Jardim da Fonte de Giovanni) acrescentou um novo elemento de **iluminação** na composição do parque. Os jardins em forma de hemisfério e oval são um exemplo claro e luminoso da forma barroca.

As formas arquitectónicas mais pequenas do estilo barroco eram muito complexas e a forma da sua colocação era única. Um exemplo notável é a passagem barroca do castelo de Spada (1599-1667), uma magnífica escultura no pequeno jardim, bem visível. As suas embalagens fechadas e o tamanho dos pilares ao longo da parede foram diminuindo gradualmente, e a profundidade do espaço duplicou. O estilo barroco tinha aberto novos horizontes na conceção das fontes. O pandu italiano, invenção de Miguel Ângelo (segunda metade do séc. XVI), a construção da escada do Capitólio em Roma foi um exemplo de um limite gradual da diminuição dos níveis anómalos.

Caraterísticas importantes:

A composição regular do jardim foi baseada nos seguintes princípios:

- a solução de um espaço deliberadamente difícil;

- efeitos inesperados;

- método de estilo decorado para adotar uma estética e formas náuticas;

- liberdade de deformação;

- estilo exigido:

- sequência dinâmica de passagens persistentes;

- utilização de contrastes de luz e sombra;

- corte de plantas;

- plantar ciprestes em filas apertadas para criar espectáculos teatrais e colocar as esculturas;

- decorar os parterres com ornamentos difíceis e arabescos.

A Renascença

(A segunda metade do século XV e o início do século XVIII)

França

A arte francesa dos parques-jardins foi influenciada tanto pelas condições políticas como pelas caraterísticas naturais e climáticas. O fim da dissolução do feudalismo e a unificação política do país no século XVI foram caraterísticas dessa época. [11]As campanhas militares em Itália tiveram uma influência significativa na cultura italiana. As paisagens francesas eram essencialmente compostas por plantas frondosas (carvalhos, plátanos, tílias, castanheiros). A ausência de monumentos antigos e a pertença da maior parte dos monumentos ao primeiro século medieval, afectou a formação da composição dos parques-jardins. Em 1651, um importante projetista de parques, Henry Mole, escreveu o tratado "The Garden Ornament for Leisure", que considerava como bons elementos do jardim francês:

- Espaçoso beco central com 2-3 filas de tílias e ciprestes;
- canais de irrigação de uma forma precisa;
- folhas de cálculo largas;

- cestos cortados e ruelas decoradas com esculturas e fontes nas encruzilhadas.

Mestres italianos, trabalharam em França: Markoliano, arquiteto DyuSerso, arquiteto DyuSerso, Jan Boalo, mestre e teórico da arte dos parques, escreveu três livros sobre composição, parques e, com base neles, foram criados os parques do Luxemburgo e de Versalhes.

Nos anos 70, Derjanvil era conhecido mundialmente pelo seu tratado baseado na teoria da jardinagem e pelo Peblon (imagens), que descrevia a base de qualquer parque:

- transição para o primeiro plano da composição assimétrica, em função do aspeto da paisagem;
- tentando alcançar a naturalidade e negando a maravilha;
- não se recomenda a instalação de jardins escuros e arborizados;
- deveria haver um grande parque em frente à casa, com árvores em 2-3 filas, e o método da "surpresa" seria completado com o levantamento do jardim.

Surgiram novos métodos para criar composições de paisagens:

- boulingrin - redução da superfície do relvado, desintegração da mesma camada sólida de solo (Mansaraplafond em Trianon);
- o jardim das virtudes - que servia de anfiteatro em Itália -, um semicírculo de barreiras vivas completadas, conduzia a um sistema de terraços baixos.

[11] Baustilfibel Herbert Kurtz e Aribert Kutshmart

No parque francês, o lugar principal do palácio ou da zona residencial era ocupado por um relvado recortado, rodeado por um baixo-bordado ou por uma pequena passagem, e por canteiros cobertos de areia. As decorações complexas eram feitas de areia, carvão, tijolos e vidro. Por vezes, os canteiros eram completamente plantados com flores ou com cestos de madeira. A maior parte do parque era constituída por cestos, como espaço aberto, para dança, as plantas podiam ser utilizadas como teatro ou labirinto (Versailles, Chantilly).

Kenkons (plântulas plantadas a céu aberto) - as árvores plantadas de forma retangular e quadrada foram colocadas de modo a ficarem abertas de todos os lados. Os ramos eram cortados.

Em meados do século XIV, o período da administração de Ludvik XIV tornou-se o florescimento da cultura francesa. O estilo dominante é o classicismo. Durante esse período, André Le Notre (1613-1700) redesenhou e criou parques em estilo clássico. Exemplos disso foram os parques de Vaux le Vicomte (1661-1663), The Clan (1674), So I Meden (1680), Chantilly e Shauzi (1693), Marly (1699).

O conjunto jardim-parque mais brilhante dessa época tornou-se a Residência de Versalhes - Ludvik XIV, um grande exemplo de arquitetura, escultura e arte de jardim-parque. A composição do parque de Versalhes baseava-se num número ótimo de "três": as três luzes, caindo sobre o canal - as três partes do parque: Parterre em frente ao palácio;

Ranhuras de duas faces no eixo principal;

Maciço verde de crescimento livre junto ao grande canal (planeado em 1671 à imagem da crista). Em 1668, o parque foi reconstruído pelo arquiteto Levova Mansar e ampliado para 416 metros.

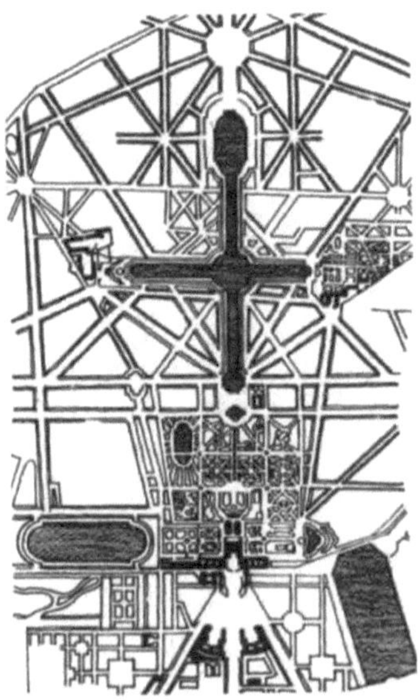

O Jardim de Versalhes

Lenotr organizou perfeitamente a área do parque e utilizou habilmente as matérias-primas naturais. O arquiteto concentrou-se na composição dos bosques e na harmonia texturada das piscinas, bem como na sinfonia das flores.

A fonte de Apolo, conhecido nos mitos como o Deus do Sol, era uma descrição viva de Ludwig XIV. A escultura da estátua antiga servia de ponto simbólico para os membros da família real. O famoso "tapete verde" (25x330 m) à volta do eixo central do parque tem 10 metros de largura. A cada 30 metros, em ambos os lados do "tapete", encontram-se estatuetas e flores. Esta composição de aspeto simples tornou Versalhes mundialmente conhecida. Atrás do carro de Apolo foi perfurado um grande canal de 120 metros de largura e 1600 metros de comprimento. O núcleo central do parque de Versalhes é delimitado pela Guarda Real - os choupos de povoamento piramidal que se estendem a 3 km do palácio. O novo elemento introduzido por Lenotr foram as ruelas radiais.

Este parque teve um impacto não só na arte dos parques-jardins, mas em toda a arte do planeamento urbano. Juntamente com Leontr, trabalharam também os seus discípulos: Lakintini, K. Dego, Garned'Il, Jitar, A. Leblon (parques na Rússia).

A base da criação de Leontr foi:

com base na solução - subordinação dos pormenores à integridade;

utilização de perspectivas longas e largas (em Itália - apenas perspectivas curtas); combinação de parapeitos e escadas largas com escadas pequenas; quedas de água com superfície plana (quedas ruidosas no barroco italiano);

uma vasta utilização de plantas em vasos;

alguns becos foram bloqueados por plantas trepadeiras (pérgulas).

Caraterísticas importantes:

Os objectos de arte dos parques-jardins eram de dois tipos: parques ampliados de palácios e castelos de caçadores; pequenos jardins em frente à casa;

A utilização de princípios de composição constantes: proporcionalidade;

precisão;

distorção da simetria das partes internas em parterres e cestos; criação dos primeiros grandes parques que procuram a máxima opacidade;

caraterística do método da constância - o domínio do palácio sobre o parque;

Adicionalmente:

utilização de maciços de plantas inteiras;

parterres com decorações amplas;

labirintos;

condução da água através de canais;

menor utilização da escultura;

prosperidade das artes da topiaria e da treliça.

Rússia (século XVIII)

No século V a.C., o historiador grego Heródoto mencionou os jardins situados no curso inferior do rio Dnepr. No século IX, surgiram jardins em Kiev, Kursk, Orleães e Tula.

No século XI, o escritor de crónicas Nestor descreveu o jardim de maçãs do Mosteiro de Kiev-Pechorsk. No século XII, Andrei Bobolubsky criou, a título de exemplo, os primeiros jardins a 11 quilómetros de Vladimir - nas cidades de Suzdal, Vladimir, Murom e outras.

Vladimir Suzdal

A arte dos jardins-parque começou a desenvolver-se em Moscovo no início do século XIV (Jardim do Metropolita Alexei). Nos esquemas de Godunov, Moscovo foi descrita como "O Rei dos Jardins Vermelhos". Em 1495, Ivan III criou o jardim "O relvado da rainha" sobre as ruínas do templo e, no século XVI, na encosta sul da colina do Kremlin, os jardins superior e inferior. Na mesma altura, o metropolita Pavel criou os "Crutinvetrograds", famosos pelos seus canteiros de flores e piscinas. Nessa época, os jardins, bem como os jardins do palácio e do Kremlin, existiam em Moscovo e nos seus arredores. Segundo as fontes, em 1701 havia 43 palácios em Moscovo.[11] O maior jardim era o de Izmaylovo, no tempo de Alexey Mikhailovich. Continha frutos, ervas medicinais e uvas. Podemos constatar que os jardins decorativos eram combinados

11 Suzdal Saveli Yamshikov

com a paisagem natural.

O principal desenvolvimento da arte da jardinagem ocorreu no período de Petr I. Em 1706, em Moscovo, foi criado o primeiro jardim botânico russo. Ao mesmo tempo, surgiram muitos jardins botânicos privados. No século XVIII, em S. Petersburgo, Moscovo e outras cidades, foram criados maravilhosos jardins de luxo: Parque Yusupov em Arkhangelsk, Parque Golitzin em Kuzmin, Parque Sheremetyev em Ostankino e Kuskovo, Parque Razumov em Petrovsk.

Jardim Petergof

Uma das mais famosas obras de arte de jardim-parque é o Jardim de verão (1704) e Petergof, criado com a contribuição de Petr I. Petergof foi erigido pelos arquitectos Braunstein, Leblon, Maketti (incluindo o Parque do Palácio e o Parque de Alexandria). O parque do Palácio é composto por duas partes: o Jardim Superior e o Jardim Inferior. O palácio situa-se entre eles. O planeamento do Jardim Superior é estritamente regular. O centro da composição é a fonte de Neptuno. À entrada, um canteiro de flores de tipo constante. Em frente ao palácio - duas fontes, a quadrada e a de carvalho. No plano do jardim inferior (pavilhões Marie, Monplaiser, Hermitage), vemos uma combinação de três composições radiais.

No início e em meados do século XVIII, em Petersburgo, foram criados os jardins em Strelna, na aldeia real (atual cidade de Pushkin) e em Oranienbaum (atual cidade de Lomonosov). No final do século XVIII e no início do século XIX, a parte do parque na cidade de Lomonosov foi realizada por métodos decorativos.

No período de Petr I, foram construídos vários parques no Báltico (Ekarinental, atualmente Kadriorg). No século XVIII, o Parque Golovin foi criado em Moscovo (arquitectos Rastrelli e Annengof). Entre eles encontram-se conjuntos de palácios em Kuskovo, Arkhangelsk e Ostankino em Moscovo.

O guia de jardins criado por A.T. Boltov teve um grande impacto no desenvolvimento da arte dos parques. Sob a sua influência, foram criados muitos "jardins naturais" nas pequenas povoações russas. O parque de Pavlovsk é um bom exemplo entre eles.

No século XIX surgiu um tipo de parques urbanos com todos os elementos, que podiam ser utilizados para fins públicos e de lazer quando necessário.

Caraterísticas importantes:

- o jardim de tipo mosteiro eliminou a fachada medieval dos jardins dos palácios e das quintas;
- aparecimento de plantas verdes sob a forma de avenidas para uso comum nas cidades;
- as cores têm um carácter decorativo brilhante;
- primeiros jardins botânicos;
- aplicar o tipo de constância no planeamento;
- utilização de algumas zonas ornamentais previstas no plano geral de construção da constância;
- aplicar o tipo de planeamento decorativo no complexo de parques de herdades;
- a utilização de métodos que combinam as composições radiais de três vias que não tinham análogos no planeamento dos parques históricos;
- partilha de parterres, cestos e labirintos ricos em plantas;
- utilização eficaz dos dispositivos hídricos (fontes, cascatas, canais) e da escultura.

Os princípios fundamentais para o planeamento de parques regulares são os seguintes:

- integridade - cada parte do parque deve estar ligada à seguinte, de modo a que o ponto exato de cada zona se assemelhe a uma zona independente;

- a cumplicidade da composição, a estabilidade da proporção, a divisão da simetria, o ritmo exato da colocação e a regularidade dos elementos decorativos (cascatas, fontes, toldos);

- a simplicidade da projeção de escadas, muros com suporte, cobertura de taludes com relvados;

- a criação de um núcleo único e de uma perspetiva de composição à distância.

Conclusão

A partir da comparação e das caraterísticas gerais da jardinagem tradicional oriental e ocidental, podemos ver não só competências únicas da arte do jardim-parque, específicas de cada país e região, mas também a existência de laços fracos da paisagem tradicional oriental com o mundo, cujas caraterísticas foram moldadas pelo ambiente social. Em contrapartida, o jardim paisagístico ocidental quebrou esta restrição e criou um jardim sem vedações, que tende a fazer do mundo inteiro uma paisagem. Esta é uma ideia muito boa, que poderia ser utilizada na atual construção paisagística, juntamente com algumas boas ideias, técnicas, maquetas ou elementos tradicionais de horticultura. Atualmente, planear ou desenhar um jardim não é suficiente para uma estrutura verde; os arquitectos paisagistas devem planear ou desenhar toda a cidade ou região como uma paisagem. O urbanismo paisagístico é uma tendência e manter-se-á como tal. Embora a paisagem seja apenas uma espécie de arte ambiental cósmica, o seu estilo continua a depender do sistema político e do modo económico. Com o rápido crescimento da construção económica e do nível de vida das pessoas nos últimos anos, o problema ambiental torna-se cada vez mais importante. Muitas praças, jardins e cenários artificiais estão a aparecer nas cidades modernas, o que contribui grandemente para embelezar o ambiente e melhorar a vida das pessoas. A paisagem deve refletir a vida pública e a arte pública, exprimir a natureza do tempo e ser concebida para responder às necessidades sociais. Existem muitas caraterísticas diferentes entre as paisagens orientais e ocidentais, por exemplo, a arte oriental de jardinagem enfatiza a harmonia entre o homem e a natureza e a jardinagem ocidental está orientada para o contraste entre o homem e a natureza, mas pelo menos todas consideram a paisagem como o ambiente mais ideal e confortável. A relação entre o homem e o ambiente é dinâmica e recíproca, e a paisagem desempenha um papel fundamental na melhoria da qualidade da habitação das pessoas. O homem, o ambiente e a comunicação são três factores significativos na relação entre o homem e a natureza. Para além disso, outros parâmetros na jardinagem paisagística são a natureza, o ser humano, a sua psicologia e a relação entre eles. Por exemplo, os jardins bonitos podem criar paz e alegria para as pessoas devido às suas capacidades. As pessoas podem aliviar a sua tensão e fadiga mental estando na natureza ou mesmo olhando para ela.

Apesar de, no passado, a jardinagem oriental e ocidental terem sido tão diferentes, estão agora a interagir cada vez mais entre si em diferentes países do mundo. Juntamente com o desenvolvimento da sociedade, esta é uma tendência inevitável de intercâmbio e de alargamento da cultura e da arte de jardinagem do Oriente e do Ocidente. Se compreendermos verdadeiramente as virtudes da arte dos parques-jardins orientais e ocidentais, podemos criar e projetar novas paisagens modernas, únicas e perfeitas do ponto de vista exterior e da alma interior, portadoras de uma grande mensagem filosófica da humanidade para as gerações vindouras.

Bibliografia

1. Gostev V. F., Yuskevich N.N. Designing gardens and parks. - Moscovo: Stroiizdat, 1991.

2. Zhirnov A.D. A arte da construção de parques. - Lvov: Escola Secundária, 1977.

3. Krizhanovskaya N. Ya. Fundamentos do projeto paisagístico. - Rostov-on-Don: Phoenix, 2005.

4. Pugachenkova G.A. Arquitetura da Ásia Central do século XV. - Tashkent: Casa Publicadora de Literatura e Arte. depois de G. Gulyam, 1976.

5. S. S. Ozhegov, A. S. Urolov, K. Zh. Raimov. Arquitetura paisagística em design - Samarkand, 2003

6. Mosser M., Teyssof G. The Architecture of Western Gardens - Cambridge, EUA 1991

7. As Terras Santas Litografias e diários de David Roberts, R.A.

8. Suzdal Saveli Yamshikov

9. Baustilfibel Herbert Kurtz e Aribert Kutshmart

www.landshaft.ru

www.gardenr.ru

www.land-desingn.ru

www.flora-desingn.ru

MIX
Papier aus verantwortungsvollen Quellen
Paper from responsible sources
FSC® C105338

Printed by Books on Demand GmbH, Norderstedt / Germany